简约

绝美家装设计细部图集

◎锐扬图书 编

海峡出版发行集团 | 福建科学技术出版社
THE STRAITS PUBLISHING & DISTRIBUTING GROUP | FUJIAN SCIENCE & TECHNOLOGY PUBLISHING HOUSE

图书在版编目（CIP）数据

绝美家装设计细部图集. 简约 / 锐扬图书编. —福州：福建科学技术出版社，2016.11
ISBN 978-7-5335-5183-4

Ⅰ.①绝… Ⅱ.①锐… Ⅲ.①住宅－室内装饰设计－图集 Ⅳ.①TU241-64

中国版本图书馆CIP数据核字（2016）第250698号

书　　名　绝美家装设计细部图集　简约
编　　者　锐扬图书
出版发行　海峡出版发行集团
　　　　　福建科学技术出版社
社　　址　福州市东水路76号（邮编350001）
网　　址　www.fjstp.com
经　　销　福建新华发行（集团）有限责任公司
印　　刷　福州德安彩色印刷有限公司
开　　本　889毫米×1194毫米　1/16
印　　张　8
图　　文　128码
版　　次　2016年11月第1版
印　　次　2016年11月第1次印刷
书　　号　ISBN 978-7-5335-5183-4
定　　价　39.80元

目录

Contents

目录
Contents

简约

电视墙

印花壁纸

现代简约风格的电视墙

现代简约风格电视墙应用在大面积空间的客厅中，设计的时候可以适当对该墙体进行一些几何分割，从平整的墙面塑造出立体的空间层次，起到点缀、衬托的作用，也可以起到区分墙面不同功能的作用。如果客厅面积较小，电视墙面也很狭窄，在设计的时候就应该运用简洁、突出重点、增加空间进深的设计方法，比如选择深远的色彩，选择统一甚至单一材质的方法，以起到在视觉上调整并完善空间效果的作用。

米白洞石

黑色烤漆玻璃

文化石

肌理壁纸

密度板造型贴银镜

直纹斑马木饰面板

木质格栅吊顶

白色乳胶漆

肌理壁纸

水曲柳饰面板

木纹大理石

黑镜装饰条

装饰银镜

密度板雕花

印花壁纸

水曲柳饰面板

黑镜装饰条

印花壁纸

印花壁纸

白枫木饰面板

茶色烤漆玻璃

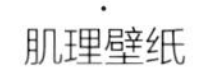

肌理壁纸

米白洞石

电视背景墙按照设计图纸，用水泥砂浆找平，用湿贴的方式将洞石固定在墙面上，完工后用专业勾缝剂填缝。

印花壁纸

肌理壁纸

密度板雕花隔断

泰柚木饰面板

密度板雕花贴灰镜

黑色烤漆玻璃

米黄洞石　　白枫木装饰线

印花壁纸

装饰灰镜

印花壁纸

艺术墙贴

水曲柳饰面板

黑色烤漆玻璃

白桦木饰面板

黑镜装饰线

木纹大理石

镜面马赛克

印花壁纸

车边银镜

米色大理石装饰线

黑白根大理石波打线

米色亚光墙砖

石膏板拓缝

艺术墙贴

密度板雕花隔断

爵士白大理石

肌理壁纸

印花壁纸

条纹壁纸

密度板造型贴银镜

布艺软包

水曲柳饰面板

米色洞石

木质踢脚线

雕花灰镜

印花壁纸

米黄大理石

印花壁纸

密度板造型

白枫木窗棂造型贴银镜

电视墙用水泥砂浆找平，按照设计图纸，用木工板做出两侧对称的底板，用环氧树脂胶将装饰银镜固定在底板上；剩余墙面满刮三遍腻子，用砂纸打磨光滑，刷一层基膜，用环保白乳胶配合专业壁纸粉将壁纸固定在墙面上。

爵士白大理石

皮革软包

装饰银镜
肌理壁纸

印花壁纸

车边银镜

密度板造型

印花壁纸

白枫木装饰立柱

木纹大理石

壁纸装饰电视墙有什么特点

目前国际上比较流行的壁纸产品类型主要有纸面壁纸、塑料壁纸、纺织壁纸、天然壁纸、静电植绒壁纸、金属膜壁纸、玻璃纤维壁纸、液体壁纸、特种壁纸等。纸底胶面壁纸是目前应用最为广泛的壁纸品种，它具有色彩多样、图案丰富、价格适宜、耐脏、耐擦洗等主要优点。现代简约风格更加凸显自我，张扬个性。其无常规的空间结构，采用大胆鲜明、对比强烈的色彩布置，刚柔并济的选材搭配，以及混搭的手法，从冷峻中寻求到一种超现实的平衡。因此壁纸选择要素：新潮、时尚、个性。

印花壁纸

肌理壁纸

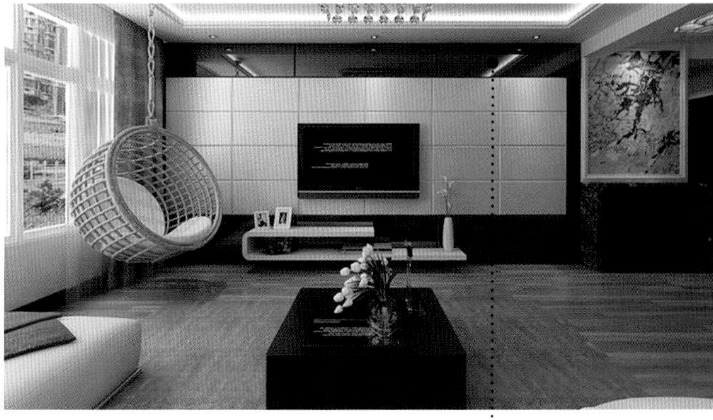
黑色烤漆玻璃

米黄洞石

木纹大理石

装饰银镜

装饰银镜

爵士白大理石

中花白大理石

黑镜装饰条

水曲柳饰面板

白枫木饰面板

白枫木肌理造型

红樱桃木饰面板

银镜装饰线

印花壁纸

米色网纹大理石

装饰银镜

黑镜装饰线

黑色烤漆玻璃

肌理壁纸

密度板拓缝

雕花银镜

黑胡桃木格栅

白枫木装饰线

米黄色玻化砖

马赛克

红樱桃木饰面板

石膏板拓缝

印花壁纸

肌理壁纸

水曲柳饰面板

石膏板拓缝

黑色烤漆玻璃

石膏板造型

泰柚木饰面板

浅啡网纹大理石

白枫木饰面板

米色大理石

泰柚木饰面板

中花白大理石

按照图纸弹线放样，确定不同材质的尺寸、布局，用木工板做出灰镜的基层，用环氧树脂胶将其粘贴固定在底板上；用干挂的方式将中花白大理石固定在墙面上，完工后用专业勾缝剂填缝。

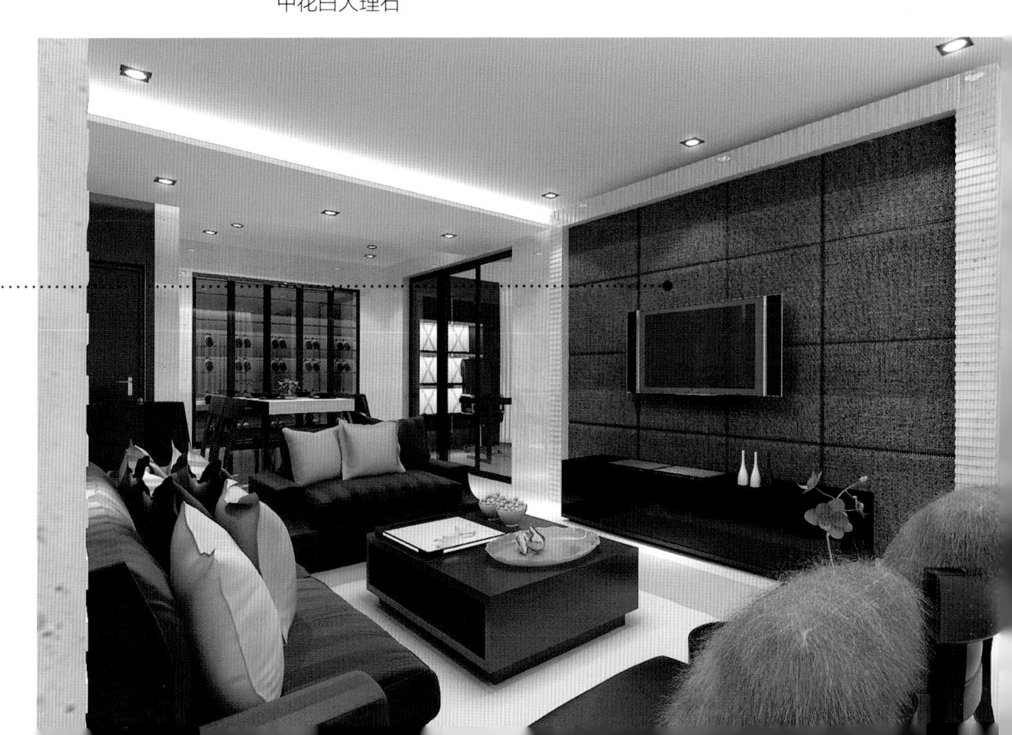
布艺软包

爵士白大理石

黑白根大理石

印花壁纸

白色人造石踢脚线

黑色烤漆玻璃

白枫木装饰线

黑胡桃木饰面板

石膏板拓缝

泰柚木饰面板

胡桃木装饰立柱

布艺软包

艺术墙贴

马赛克　　米色大理石

米色洞石

直纹斑马木饰面板

印花壁纸

布艺软包

水曲柳饰面板

米色大理石

黑色烤漆玻璃

木质材料装饰电视墙有什么特点

在木质材料上拼装制作出各种花纹图案是为了增加材料的装饰性。在生产或加工材料时，可以利用不同的工艺将木质材料的表面作各种处理，如粗糙或细致、光滑或凹凸、坚硬或疏松等。可以根据木质材料表面的各种花纹图案来装饰，也可以将材料拼镶成各种艺术造型，如拼花墙饰。也不妨用杉木条板或俄罗斯松木条板贴在电视墙造型上，表面再涂装一层清漆，进行整体装饰，这样看起来就会美观很多。

中花白大理石

印花壁纸

装饰灰镜

白色乳胶漆

白色玻化砖

印花壁纸

黑色烤漆玻璃

石膏板拓缝

水曲柳饰面板

水曲柳饰面板

黑色烤漆玻璃

茶色镜面玻璃

白橡木饰面板

白色乳胶漆

花纹壁纸

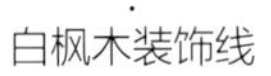

白枫木装饰线

白枫木饰面板

白色亚光墙砖

大理石踢脚线

仿洞石墙砖

木纹大理石

实木装饰线密排

肌理壁纸

条纹壁纸

白枫木饰面板

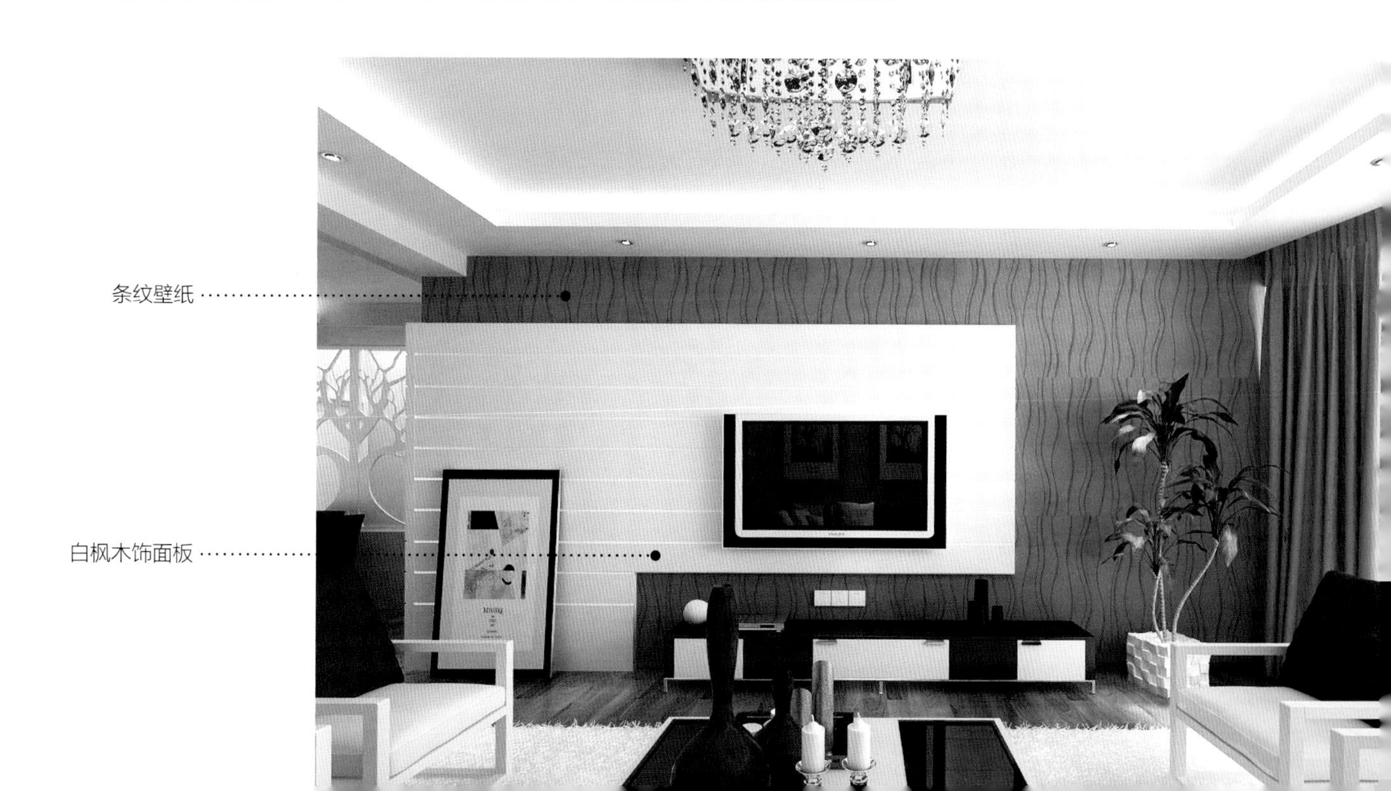

泰柚木饰面板

装饰灰镜

白枫木装饰立柱

石膏板拓缝

黑色烤漆玻璃

白枫木装饰线

印花壁纸　　白枫木格栅

艺术墙贴

灰镜装饰条

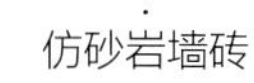

仿砂岩墙砖

米白洞石

木质搁板　木纹大理石

直纹斑马木饰面板

印花密度板

木纹大理石

木质搁板

泰柚木饰面板

印花壁纸

马赛克

中花白大理石

电视墙用水泥砂浆找平，弹线放样后安装钢结构，用干挂的方式将大理石固定在墙面上；两侧对称墙面用大理石粘贴剂将马赛克固定在墙面上，完工后用专业勾缝剂填缝。

马赛克

印花壁纸

肌理壁纸

印花壁纸

布艺软包

胡桃木饰面板

米色网纹大理石

成品铁艺隔断

彩色亚光墙砖

立体艺术墙贴

木纹大理石

米色亚光墙

胡桃木装饰立柱

条纹壁纸

白枫木饰面板

中花白大理石

印花壁纸

泰柚木装饰线

胡桃木装饰线密排

石材装饰电视墙有什么特点

随着装饰石材的种类增加，石材已经升级成装饰工程的常用元素，电视墙的表情也因此变得丰富起来，成为客厅的一道不可或缺的风景和展现主人品位的一扇窗。家庭装修中，做一面石材电视墙，既可以提升主人的品位，也可以提高房间的奢华大气感。一块华美的或者几款精致的石材，不同的造型、图案、色彩就能打造出个性奢华的电视墙。人造文化石是种新型材料，由天然石头加工而成，色彩天然，更有隔音、环保、阻燃等特点，非常适合做电视墙，不过成本较高。

有色乳胶漆

水曲柳饰面板

印花壁纸

马赛克

条纹壁纸

红樱桃木饰面板

白色乳胶漆

立体艺术墙贴

黑色烤漆玻璃

石膏板拓缝

雕花烤漆玻璃

灰镜装饰条

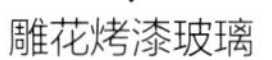

雕花烤漆玻璃

印花壁纸

实木装饰线　　肌理壁纸

装饰灰镜

白枫木饰面板

印花壁纸

印花壁纸

印花壁纸

雕花烤漆玻璃

印花壁纸

艺术墙贴

白枫木饰面板

中花白大理石

石膏板拓缝

黑色烤漆玻璃

印花壁纸

有色乳胶漆

木质踢脚线

白色乳胶漆

艺术墙贴

有色乳胶漆

密度板造型贴灰镜

中花白大理石

印花壁纸

密度板雕花贴银镜

立体艺术墙贴

白桦木饰面板

肌理壁纸

有色乳胶漆

黑色烤漆玻璃

条纹壁纸

条纹壁纸

密度板树干造型

电视墙用水泥砂浆找平，用木工板做出装饰线条，装贴饰面板后刷油漆，剩余墙面满刮三遍腻子，用砂纸打磨光滑，刷一层基膜，用环保白乳胶配合专业壁纸粉将条纹壁纸固定在墙面上；最后用耐候密封胶将定制的木质装饰造型粘贴在墙面上。

肌理壁纸

钢化玻璃砖

不锈钢条

黑镜装饰线

白桦木饰面板

石膏板肌理造型

黑色烤漆玻璃

石膏板拓缝

白枫木饰面板

装饰银镜

白枫木饰面板

米色亚光墙砖

水曲柳饰面板　　装饰银镜

石膏板拓缝

马赛克

银镜装饰条

石膏板拓缝

雕花烤漆玻璃

简约

餐厅墙

仿洞石玻化砖

简约风格的餐厅墙面装饰

简约风格餐厅通过墙面的装饰可以体现出简洁、美观、实用的最大特点。在繁华的大都市，悠闲、安静的简约风格得到推崇，它使用最简单的线条、最干净的颜色来塑造出餐厅墙面装饰。具体来讲，采用集合形象、原色以及垂直、水平线条组成餐厅墙面装饰形式；在色彩上，以简洁明快的视觉效果为主。

马赛克

冰裂纹玻璃

有色乳胶漆

白色玻化砖

仿古砖

米黄色壁纸

肌理壁纸

仿木纹玻化砖

密度板雕花贴银镜

印花壁纸

有色乳胶漆

印花壁纸

米色玻化砖

餐厅侧墙用水泥砂浆找平，整个墙面满刮三遍腻子，用砂纸打磨光滑，刷一层基膜，用环保白乳胶配合专业壁纸粉将壁纸固定在墙面上；最后安装踢脚线。

肌理壁纸

米色网纹玻化砖

装饰壁画

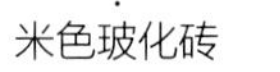

米色玻化砖

磨砂玻璃

石膏板拓缝

米色亚光玻化砖

有色乳胶漆

米色玻化砖

米色玻化砖

装饰壁画

肌理壁纸　　仿洞石玻化砖

茶镜装饰条

黑镜装饰吊顶

米黄洞石

密度板雕花混油

灰镜装饰条

水曲柳饰面板

简约风格餐厅墙面色彩搭配

在简约风格餐厅中，墙面的色彩可以用多种色调进行装饰，把墙面色彩与餐厅内的家具、窗帘、装饰材料等统一起来达到和谐。也可用咖啡色调来调节用餐环境，因为它与其他多种颜色在内在结构上有着一定的联系，同时形成和谐感。还可以使用简单的色调，通过明度和彩度的变化，以及图案纹理来丰富墙面装饰，以取得宁静、温馨、安详的效果。

有色乳胶漆

水曲柳饰面板

木质踢脚线

磨砂玻璃

水曲柳饰面板

仿木纹玻化砖

银镜吊顶

白色抛光墙砖

米黄色亚光玻化砖

黑色人造石踢脚线

有色乳胶漆

密度板造型隔断

水晶装饰珠帘

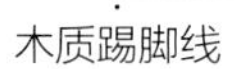

木质踢脚线

米黄色玻化砖

白枫木饰面板

木质踢脚线

黑色烤漆玻璃

印花壁纸

木质踢脚线

白色乳胶漆

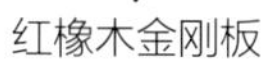

红橡木金刚板

米色亚光墙砖

磨砂玻璃

木纹大理石

餐厅侧墙用水泥砂浆找平，弹线放样安装钢结构，用干挂的方式将大理石固定在墙面上；镜面的基层用木工板打底，用环氧树脂胶将其固定在底板上，最后安装木质收边条。

磨砂玻璃

肌理壁纸

木质踢脚线

茶色镜面玻璃

米黄色网纹玻化砖

泰柚木金刚板

木质踢脚线

水曲柳饰面板

条纹壁纸

磨砂玻璃

纯白色调餐厅墙面

若餐厅是纯白色色调的墙面装饰，充沛的阳光将让这个空间更加明亮通透。白色简约风格装饰的餐厅，墙面用黑色镂空的花艺图案的吊灯进行搭配堪称点睛之笔。也可以为了搭配纯白色墙面，在每张桌子上摆放一盆鲜花，窗台上也可以布置一些盆景或小型绿植。阳光透过窗户照到室内，房间里俨然一幅鲜花烂漫的景色。

木质踢脚线

白色玻化砖

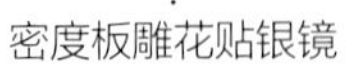

密度板雕花贴银镜

密度板造型

印花壁纸

木质踢脚线

灰白色网纹玻化砖

车边茶镜

肌理壁纸

木质搁板

有色乳胶漆

水晶装饰珠帘

胡桃木饰面板

有色乳胶漆

白色玻化砖

木质搁板

水曲柳饰面板

密度板雕花隔断

印花壁纸

白色亚光墙砖

实木装饰立柱

车边银镜

米色亚光玻化砖

雕花灰镜

大理石踢脚线

白橡木金刚板

冰裂纹玻璃

桦木饰面板

米黄大理石

黑色烤漆玻璃

木纹玻化砖

肌理壁纸

餐厅侧墙按照设计图纸弹线放样，确定搁板位置，用钢钉及胶水将定制的搁板固定；整个墙面满刮三遍腻子，用砂纸打磨光滑，刷一层基膜，用环保白乳胶配合专业壁纸粉将肌理壁纸固定在墙面上。

有色乳胶漆

白色乳胶漆

米色亚光玻化砖

红橡木金刚板

车边银镜

白枫木百叶

装饰灰镜

木质搁板

白枫木饰面板

黑白色调餐厅墙饰

餐厅墙面若运用黑白色调，则显得简洁利落。在这白色调竖条纹的墙面上，深陷的空间既可做简易的工作台，又可用于日后的装饰改造。白色与黑色的碰撞，总是给人自信、稳重的印象，黑白色调的餐厅亦如此。经过暗金色窗帘与淡黄色花的装饰，简约风格的餐厅一点也不觉得平淡乏味，反而更显优雅气质。

肌理壁纸

黑色人造石踢脚线

黑色人造石踢脚线

印花壁纸

黑镜装饰条

米色玻化砖

雕花烤漆玻璃

磨砂玻璃

装饰银镜

茶色烤漆玻璃

密度板树干造型

米色亚光玻化砖

仿木纹玻化砖

白色乳胶漆

木质踢脚线

胡桃木饰面板

装饰灰镜

简约

玄关走廊

密度板造型贴灰镜

玄关整体设计应该注意什么

总体来说，玄关的面积都不是很大，装修所需费用也不是很高。但玄关在整体装修中却占有很重要的地位，如果设计处理不当，非但无法营造出清新、舒适的玄关，还会影响到居室的整体装修效果。通常情况下，设计玄关应注意下列事项：

1.玄关的设计风格应与客厅、餐厅等公共空间的设计风格相一致。

2.保持合理的通行线，避免繁杂的设计影响玄关正常功能的使用。

3.玄关设计应先注重功能性，然后才注重装饰性。

4.不需要玄关的地方，千万不要强行设置玄关。

米色亚光玻化砖

有色乳胶漆

密度板雕花隔断

木质踢脚线

白色人造石踢脚线

有色乳胶漆

有色乳胶漆

直纹斑马木饰面板

车边银镜

密度板造型隔断

木质踢脚线

玄关走廊墙面用水泥砂浆找平，满刮三遍腻子，用砂纸打磨光滑，刷一遍底漆、两遍面漆，再按照设计图纸的布局，将装饰画固定在墙面上，最后安装木质踢脚线。

白枫木饰面板

有色乳胶漆

茶色镜面玻璃

米色玻化砖

木质踢脚线

米色亚光玻化砖

米黄色亚光玻化砖

木质踢脚线
白枫木百叶

雕花磨砂玻璃

米色玻化砖

白枫木饰面板拓缝

米色玻化砖

有色乳胶漆

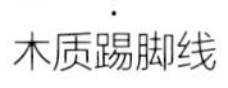

木质踢脚线

米色玻化砖

雕花茶镜

白色乳胶漆

混纺地毯

米色网纹玻化砖

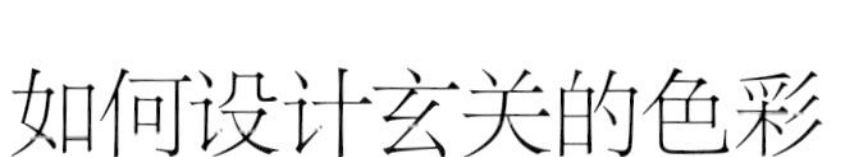

如何设计玄关的色彩

玄关是住宅内最重要的组成部分之一，堪称住宅的咽喉地带，能够给进入者第一印象。玄关是从大门进入客厅的缓冲区域，一般以清爽的中性偏暖色调为主。很多人家都喜欢用白色作为门厅的颜色，其实在墙壁上加一些比较浅的颜色，如绿色、橙色、浅蓝色等，以与室外的环境有所区别，更能营造出家的温馨。玄关无论是选用木板、墙砖或是石材加以间隔，颜色都不适宜太深，以免增加玄关的沉重感。最理想的颜色组合是，顶部天花板的颜色最浅，底部的地板颜色最深，中间的墙壁颜色介于两者之间，算是上、下两方的过渡。

条纹壁纸

有色乳胶漆

白枫木百叶

白橡木金刚板

米色玻化砖

白色亚光墙砖

仿古砖

浅啡网纹大理石波打线

白色亚光玻化砖

黑色人造石踢脚线　　水曲柳饰面板

木质踢脚线

有色乳胶漆

黑色烤漆玻璃

白枫木饰面板拓缝

马赛克

深啡网纹大理石

米色玻化砖

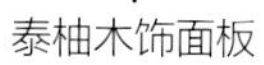

泰柚木饰面板

茶色镜面玻璃

白枫木百叶

车边银镜

白枫木百叶

玄关走廊墙面用水泥砂浆找平，整个墙面满刮三遍腻子，用砂纸打磨光滑，刷底漆、面漆；装饰银镜的基层用木工板打底，用环氧树脂胶将其固定在底板上，最后安装定制的成品木质百叶。

雕花银镜

米色亚光玻化砖

马赛克

装饰银镜

石膏板

木纹大理石

肌理壁纸

玄关墙面设计应该注意什么

如果门厅对面的墙壁距离门很近，通常被作为一个景观展示。很多墙壁会被作为主墙面加以重点装饰，比如用壁饰、彩色漆或者各种装饰手段强调空间的丰富感。

如果门厅两边的墙壁距离门也较近，通常都作为鞋柜、镜子等实用功能区域。

如果在门厅选择壁纸，可以为墙壁添点小图案和更多点的颜色，但要注意这里的墙壁被人触摸的次数会较多，壁纸最好具备耐磨或耐清洗性。

若墙面面积较大，可以利用装修手段做点分隔，然后上下采用不同的壁纸或漆上不同的色调，以增加趣味性。

墙面最好采用中性偏暖的色调，能给人一种柔和、舒适之感，让人很快忘掉外界环境的纷乱，体味到家的温馨。

此外还应注意的是，主体墙面重在点缀，切忌重复堆砌，色彩不宜过多。在较小空间的门厅，墙面可用大幅镜子反射，使小空间产生互为贯通的宽敞感。

白橡木金刚板

木纹玻化砖

木质踢脚线

浅啡网纹大理石

白色玻化砖

装饰银镜

白枫木窗棂造型贴银镜

大理石踢脚线

车边银镜

雕花烤漆玻璃

雕花烤漆玻璃

木质踢脚线

条纹壁纸

装饰壁画

肌理壁纸

肌理壁纸

黑色人造石踢脚线

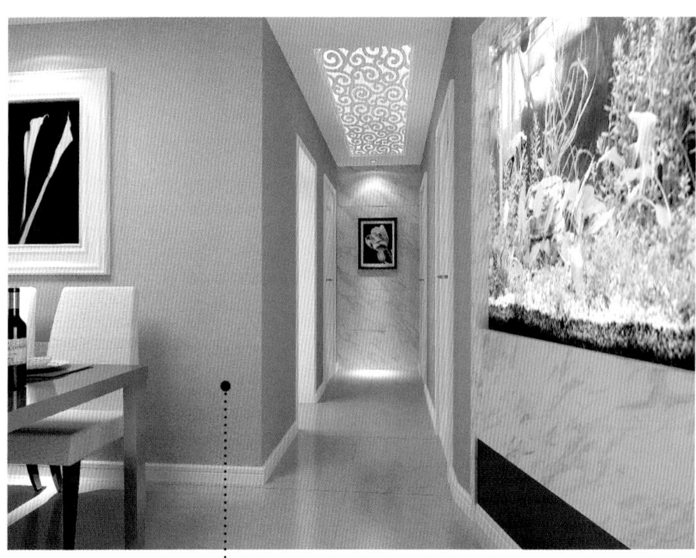

米白色网纹玻化砖

肌理壁纸

木纹壁纸

密度板雕花隔断

木质踢脚线

深啡网纹大理石波打线

有色乳胶漆

印花壁纸

密度板雕花贴银镜

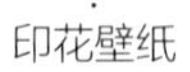

印花壁纸

车边银镜

砂岩浮雕

米色玻化砖

白色玻化砖

肌理壁纸

泰柚木饰面板

水曲柳饰面板

白枫木格栅

玄关走廊墙面用木工板打底，装贴饰面板后刷油漆，再用环氧树脂胶将装饰镜面固定；剩余墙面满刮三遍腻子，用砂纸打磨光滑，刷底漆、面漆，最后安装装饰画。

肌理壁纸

仿古砖

装饰银镜

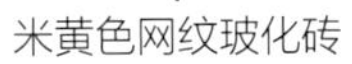

米黄色网纹玻化砖

密度板雕花隔断

木质踢脚线

米色玻化砖

条纹壁纸

玄关地面设计应该注意什么

每个人回家和出门都会经过玄关，可以说玄关地面是家里使用频率最高的地方。因此，玄关地面的材料要具备耐磨、易清洗的特点。地面的装修通常依整体装饰风格的具体情况而定，一般用于地面的铺设材料有玻璃、石材或地砖等，木地板也是很好的选择，但造价较高。如果想让玄关的区域与客厅有所区别的话，可以选择铺设与客厅颜色不一的地砖。还可以把玄关的地面升高，在与客厅的连接处做成一个小斜面，以突出玄关的特殊地位。如果嫌脚感不好，可以在上面铺地毯，但一定要粘牢，使其不能滑动，也可在下面铺一层粗纹垫子，以防滑动。玄关门外处通常铺设一块结实的擦脚垫，以擦去鞋子的污垢。

白色亚光墙砖

车边银镜

木质踢脚线

米色亚光玻化砖

白枫木饰面板拓缝

木质踢脚线

有色乳胶漆

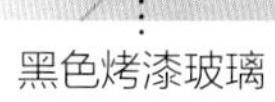
黑色烤漆玻璃

红橡木金刚板

装饰灰镜

米黄大理石

雕花银镜

有色乳胶漆

白枫木百叶

大理石踢脚线

黑色烤漆玻璃

深啡网纹大理石波打线

肌理壁纸

拉丝玻璃

深啡网纹大理石波打线

木质踢脚线

灰白色网纹玻化砖

泰柚木金刚板

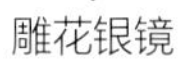

雕花银镜

仿洞石玻化砖

水曲柳饰面板

黑镜装饰条

黑色人造石踢脚线

装饰灰镜

简约

顶棚

车边银镜

客厅常见的顶棚设计有哪些

1. 水平型：如果客厅的空间高度相当充裕，那么在选择吊顶时，就可以选择如玻璃纤维板吊顶、夹板造型吊顶、石膏吸音吊顶等多种形式，这些吊顶有减小噪声的功能，是最为理想的选择。

2. 中空型：在客厅四周做吊顶，而中间不做。这种吊顶可用木材夹板作为基础材料，设计成简洁的造型，增加视觉层次的同时符合极简宗旨。在吊顶的适当部位安装射灯或筒灯，以光照区分功能区域。在中空的中间搭配适合的光源，这样会无形中增加视觉层高，比较适合大空间的客厅。

3. 层次型：将客厅四周的吊顶稍微加厚，而中间部分做得极薄，从而形成两个明显的层次。这种做法适合层高宽裕的客厅，在设计时可特别注意四周吊顶的造型设计，在其中加入现代或者传统等不同风格的元素，与整个客厅的氛围相协调，达到和谐融洽的视觉效果。

肌理壁纸

木纹玻化砖

黑金花大理石

皮革装饰硬包

车边银镜

肌理壁纸

密度板雕花隔断

客厅顶棚用水泥砂浆找平，用木工板做出凹凸的灯带造型，满刮三遍腻子，用砂纸打磨光滑，刷一遍底漆、两遍面漆，最后用蚊钉及胶水将石膏装饰线固定在顶面上。

有色乳胶漆

红橡木金刚板

石膏板拓缝

木纹大理石

密度板雕花

木纹大理石

装饰茶镜吊顶

白枫木装饰立柱

金属壁纸

白橡木金刚板

车边灰镜

黑白根大理石

直纹斑马木饰面板

白橡木金刚板

米色玻化砖

印花壁纸

木纹大理石

泰柚木饰面板

密度板雕花装饰吊顶

米色大理石

红橡木金刚板

印花壁纸

白色玻化砖

车边银镜

密度板拓缝

泰柚木金刚板

客厅顶棚用木工板做出凹凸的灯带造型，满刮三遍腻子，用砂纸打磨光滑，刷一遍底漆、两遍面漆；地面用水泥砂浆找平，铺装定制的泰柚木金刚板。

石膏板拓缝吊顶

艺术地毯

泰柚木饰面板

黑色烤漆玻璃

直纹斑马木饰面板

米白色玻化砖

黑镜装饰线

木质踢脚线

米黄大理石

肌理壁纸

顶棚的色彩设计应注意什么

1.吊顶颜色不能比地板深：顶面色彩一般不超过三种，选择吊顶颜色的最基本法则，就是色彩最好不要比地板深，否则很容易有头重脚轻的感觉。如果墙面色调为浅色系列，用白色吊顶会比较合适。

2.吊顶选色参考的因素：选择吊顶色彩一般需要考察瓷砖的颜色与家具的颜色，以协调、统一为原则。

3.若墙面色彩强烈，则吊顶最适合用白色，吊顶的颜色选用白色就不会和原本要强调的壁面色彩冲突，若吊顶也采用强烈色彩，就会因空间整体色彩过多而产生紊乱的感觉。

车边银镜

木质踢脚线

红樱桃木饰面板

米黄大理石

黑胡桃木装饰线

白色乳胶漆

印花壁纸

米黄大理石

米色网纹大理石

艺术地毯

茶色烤漆玻璃

茶色烤漆玻璃

水曲柳饰面板

水曲柳饰面板

胡桃木饰面板

密度板雕花装饰吊顶

车边银镜

条纹壁纸

石膏板拓缝

云纹大理石

爵士白大理石

密度板雕花隔断

布艺软包

米黄大理石

马赛克

爵士白大理石

黑镜装饰吊顶

红橡木金刚板

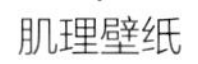

肌理壁纸

茶镜吊顶

印花壁纸

茶色烤漆玻璃

木质踢脚线

客厅顶棚用水泥砂浆找平，用木工板做出凹凸的灯带造型，满刮三遍腻子，用砂纸打磨光滑，刷底漆、面漆；电视墙找平后，刮腻子、用砂纸打磨、刷一层基膜、粘贴壁纸；最后安装木质踢脚线。

灰白色网纹大理石

有色乳胶漆

深啡网纹大理石波打线

雕花烤漆玻璃吊顶

黑色烤漆玻璃

车边银镜

木纹大理石

白枫木格栅

餐厅顶棚照明应该如何设置

餐厅是家庭成员品尝佳肴的场所，需要营造轻松愉快、亲密无间的就餐气氛。餐厅顶棚灯光装饰的焦点是餐桌，通常情况下可使用垂悬的吊灯，但为了达到效果，吊灯不能安装过高，在进餐者的视平线上即可。如果是长方形的餐桌，通常可安装两盏较长的椭圆形吊灯，而且吊灯应该有明暗调节器或升降功能，因为中餐讲究色、香、味、形，这就需要明亮一些的暖色调，而西餐讲究浪漫，光线适宜稍暗且柔和。如果家庭餐厅中设有吧台或酒柜，还可以利用轨道或嵌入式顶灯加以照明，以便突出气氛。部分家庭的餐厅以玻璃柜展示精致的餐具、茶具及艺术品，如果在玻璃内装上小射灯或小顶灯，往往能使整个玻璃柜玲珑剔透，美不胜收。

密度板造型贴茶镜

有色乳胶漆

米白洞石

装饰茶镜

黑色烤漆玻璃

木质踢脚线

胡桃木饰面板

车边银镜

木纹大理石

银镜吊顶

木质踢脚线

肌理壁纸

白橡木金刚板

印花壁纸

白枫木格栅

银镜装饰吊顶

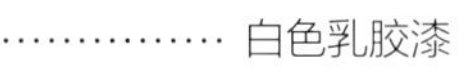

白色乳胶漆

红樱桃木饰面板

仿古砖

水曲柳饰面板

装饰银镜

皮革软包

白桦木饰面板

红橡木金刚板

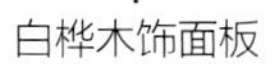

布艺软包

胡桃木装饰横梁

印花壁纸

布艺软包

卧室吊顶应该注意什么

卧室吊顶不宜处理成复杂造型，一般来说卧室的直接照明越少越好，对眼睛的舒适有好处，所以可以考虑用简单的灯带间接照明。如果层高限制，不宜做吊顶，可以用石膏线简单装饰，卧室灯的造型稍稍讲究些，并采用舒适的暖光源来烘托卧室温馨的气氛。

艺术地毯

印花壁纸

布艺软包

混纺地毯

印花壁纸

卧室顶棚用水泥砂浆找平，用木工板做出灯带造型，满刮三遍腻子，用砂纸打磨光滑，刷底漆、面漆；背景墙用木工板做出设计图中造型，满刮三遍腻子，用砂纸打磨光滑，刷一遍底漆、两遍面漆，再用环保白乳胶配合专业壁纸粉将壁纸固定在墙面上。

松木板吊顶

白橡木金刚板

白松木板吊顶

布艺软包

水曲柳饰面板

肌理壁纸